世界的故事

[意]特蕾莎·布翁焦尔诺 著　[意]埃莉莎·帕加内利 绘　高翔 译

Storie di parole curiose

词语的故事

——文字背后的秘密

山东教育出版社　大音 广东大音音像出版社
·济南·　·广州·

图书在版编目（CIP）数据

　　词语的故事 : 文字背后的秘密 / (意) 特蕾莎·布翁焦尔诺著 ; (意) 埃莉萨·帕加内利绘 ; 高翔译. — 济南 : 山东教育出版社, 2022.1
　　（世界的故事）
　　ISBN 978-7-5701-1748-2

　　Ⅰ. ①词… Ⅱ. ①特… ②埃… ③高… Ⅲ. ①词语 – 少儿读物 Ⅳ. ①H042-49

　　中国版本图书馆CIP数据核字（2021）第127434号

CIYU DE GUSHI——WENZI BEIHOU DE MIMI
词语的故事——文字背后的秘密

目　录

给孩子认识世界的知识宝库

间　歇　泉

　　美国的黄石公园是世界上第一个国家公园，公园内有一口独特的"报时闹钟"。这座"钟"和教堂里的吊钟一样，每隔一段时间便会有规律地叮咚作响。但这座"钟"没有钟锤，而且总是热气腾腾。每当"钟声"响起，公园里忙碌的动物便像被按了暂停键一样，只能在心中暗暗"哀悼"那刚刚逝去的时间。伴随着"钟声"的结束，动物们又像被按上了快进键一般：刚才还在细嚼慢咽着食物的猛兽，仿佛顿悟了时光的珍贵，而加快了啃食的速度；早先还在湖中悠闲游弋着的水鸟，也快步朝岸上走去，甩干了身上残存的水滴，拍拍翅膀，朝天空中的朝阳飞去；而那之前还安逸地待在枝头叽叽喳喳的小鸟们，也抖擞着精神，展翅高飞，仿佛要追回那无法挽回的分分秒秒。在黄石公园里，动物们对这一奇特的景象早已习以为常了。孩子们，你们能猜到这到底是一座怎样的"钟"吗？其实它是黄石公园内的一大网红景点——"老实泉"。这独一无二的奇景，迄今已经拥有超过 100 年的历史了。这口名为"老实泉"的间歇泉，

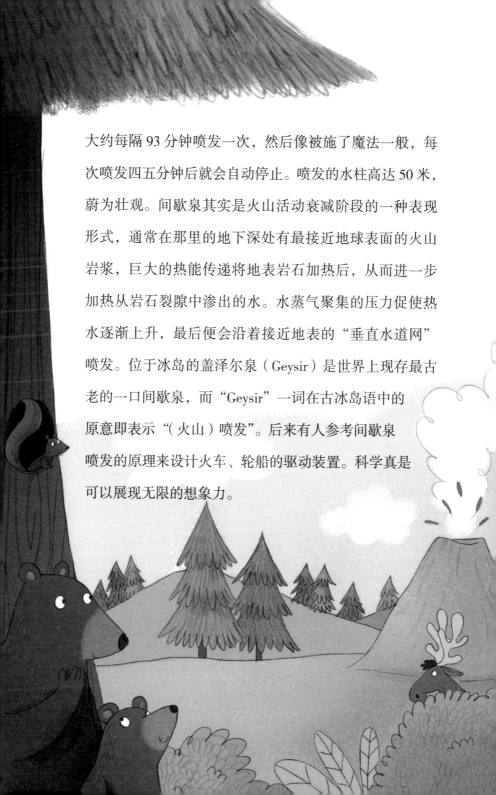

大约每隔 93 分钟喷发一次，然后像被施了魔法一般，每次喷发四五分钟后就会自动停止。喷发的水柱高达 50 米，蔚为壮观。间歇泉其实是火山活动衰减阶段的一种表现形式，通常在那里的地下深处有最接近地球表面的火山岩浆，巨大的热能传递将地表岩石加热后，从而进一步加热从岩石裂隙中渗出的水。水蒸气聚集的压力促使热水逐渐上升，最后便会沿着接近地表的"垂直水道网"喷发。位于冰岛的盖泽尔泉（Geysir）是世界上现存最古老的一口间歇泉，而"Geysir"一词在古冰岛语中的原意即表示"（火山）喷发"。后来有人参考间歇泉喷发的原理来设计火车、轮船的驱动装置。科学真是可以展现无限的想象力。

冰　山

　　在广阔浩瀚的海洋上，一艘"冰船"正向着未知的远方"航行"着。白天，在阳光的照耀下，晶莹透明的"冰船"美得像一座被施了魔法的童话城堡，而当夜幕降临时，它又摇身一变，变成了一座住着女巫和吸血鬼的阴冷城堡，与惊涛骇浪共舞。

　　其实这艘"冰船"是来自丹麦属地的格陵兰岛上的一座冰山。"冰山（iceberg）"一词源自瑞典语，其中"ice"指冰，而"berg"则指山峰。在格陵兰岛这座巨型"冰山航母"上，布满大小不一的裂缝与断层，在海浪久经不息的拍打之下，它像一座摇摇欲坠的老房子，哆哆嗦嗦地将身上大大小小的"砖石"让给了气势汹汹的大海。这些冰山砖石大小各异，有的像冰雹一样小，掉落在海面便消融其间了；个头较大的，则被大海生硬拽入那往南的洋流之中。离开了"冰山航母"的小冰山身上的冰块不断脱落，而原本封存在冰块中的土壤便沉到了海床之上。就这样，随着一座又一座冰山到来，加拿大附近的特拉诺瓦海域出现了严重的海床升高的问题。这对来往于这片海域的船只来说特别危险。因为这片水域最浅的地方只有 50 米深，稍不小心就会发生船只触礁沉没的事故。

1912 年 4 月 14 日的晚上，在"泰坦尼克号"首航的第五个晚上，因为一个人为观测失误，它便撞上冰山沉没了。之后人们把这场悲剧拍成了电影《泰坦尼克号》。如今，为了避免悲剧重演，每年全球很多国家都会派出专业的破冰船队，用高强度的炸药将大西洋船运航线上的冰山炸碎，保障航路畅通无阻。在他们的辛勤努力下，每年从北极往南流动的 16000 座冰山，仅有 400 多座能顺利到达目的地特拉诺瓦。

冰山这庞然大物，总是热烈地追逐着阳光，却最终因为阳光而失去了自己。正如世界上的某些人，总是会被一些最终招致杀身之祸的东西所吸引。

夸　克

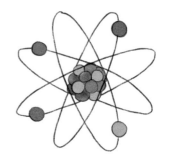

　　"向麦克老大三呼夸克！"这是20世纪爱尔兰著名作家詹姆斯·乔伊斯在其著作《芬尼根的守灵夜》中的一个句子。其实当时根本没人知道这句中的"夸克"到底是什么意思。当时全球的科学界，大多数人都和公元前5世纪时的古希腊哲学家德谟克利特一样，认为世间万物都是由原子这种不可再分的物质微粒所构成。直至20世纪30年代初，科学家发现，原来被认为不可继续细分的原子，其实就像一个个独立的微缩小宇宙，其中包含着一颗由质子和中子组成的原子核，和围绕着它旋转的电子。原子实在太小了，以至1000万个原子排成一排，也才1毫米长。因此，要深入了解和研究原子的内部结构，科学家们需要进一步开发新的物理实验方式。

　　在人类对微观世界强烈探知欲的推动下，1963年，美国科学家盖尔曼首次提出质子和中子分别由3个夸克（即上夸克、下夸克和奇异夸克）组成的。生性幽默的盖尔曼最早想用鸭子的叫声来为自己的发现命名，但当时他也不确定这个新词究竟应该怎么拼。正当盖尔曼为"夸克"的命名问题想破脑筋时，无意之中，他在乔伊斯的小说《芬尼根的守灵夜》中看到"quark"这个词，便毫不犹豫地采用了。在盖尔曼提出夸克理论后的十多年里，科学家们又发现了除上夸克、下夸克和奇异夸克外，还存在着粲（càn）夸克、底夸克和顶夸克，夸克家族可谓人丁兴旺。不过，目前受技术所限，科学家们还无法直接观测到夸克，将来要靠各位小朋友的努力了。

机　器　人

英语单词"robot（机器人）"源自东欧捷克语中表示"奴役"的"robota"一词。1920年，一位来自捷克的科幻文学家卡雷尔·恰佩克，首次在他的剧本《罗萨姆的万能机器人》中提出了"robota"这个词，用来表示由故事主人公罗萨姆发明的、具有极强模仿能力的一种机械人。为了验证这些"万能"机械人的实际功用，罗萨姆将它们带到了一座荒岛上，并奴役其为自己服务。然而，好景不长，这些以模仿能力超群而闻名的机械人，通过与主人接触和交谈，很快便学会了人类特有的感情和独立思考能力。从此，他们开始反抗，妄图消灭人类并统治世界。所幸的是，这些具有极强模仿能力的机械人，也终于学会了人世间的宽恕之道。最后，

整部作品以双方携手建设美好的世界作为结局。

后来，这部极富前瞻性的科幻戏剧很快便走出捷克迈向世界。在这部作品的英文版中，"robota"被译者巧妙地改为"robot"。自此以后，人们便将一切用于协助或取代人类工作、具有自动执行能力的机器装置统称为"robot"了。

字　母

　　今天，我们所熟悉的 26 个英文字母其实源于腓尼基人发明的 22 个字母。早年，腓尼基人曾居住在今天的黎巴嫩地区，擅长对外贸易。为了讨生活，他们中许多人漂洋过海，背井离乡。由于远离亲人，他们常常感到孤单寂寞，非常思念家乡的亲人，但当时的书写系统过于复杂，书写速度慢，他们没法与家人通信。有一天，他们发现居住在今天的叙利亚地区的苏美尔人[1] 在用一种简单明了、书写方便的文字进行书写。于是，腓尼基人便参照他们的文字系统，按照自己的语言习惯，创造了自己的字母文字体系。

　　后来，希腊人也学习了这种文字，并在原有的基础上进行了适当的修改，在原有的 22 个辅音字母基础上加了几个元音字母，从而形成了在西方国家日常生活中不可缺少的字母系统。在希腊文中，首两个字母分别为 alfa（α）和 beta（β），因此希腊人便把自己的字母表称为"alfabeto"（在英语里面，"字母表"一词的拼写为："alphabet"）。后来，罗马人也仿照这种字母，创造了拉丁字母，也就是目前欧洲多种文字的来源。在现代拉丁字母系统中，共计有 26 个字母，分别是 A、B、C、D、E、F、G、H、I、J、K、L、M、N、O、P、Q、R、S、T、U、V、W、X、Y、Z。

伟大的科学家伽利略就曾宣称：字母大概是人类有史以来最伟大的发明。因为有了这简简单单的 26 个字母，人类从此便可以跨越时空和地域，传播并传承各种知识和伟大思想。

登山运动

　　自古以来，登山便是山区人民赖以生存的一种手段。直到18世纪登山才作为一项体育项目，开始风靡欧洲各国。最早的登山运动是1786年人们对勃朗峰的首次登顶。勃朗峰位于意大利边境的阿尔卑斯山区，而"阿尔卑斯"这一大名，在17世纪便已因法国地质学家多洛米厄而广为人知。

　　随着时间的推移，人们不断挑战更高的难度，就连被人们视为世界屋脊的珠穆朗玛峰（8848.86米）也成为登山运动员们的征服对象。与此同时，许多登山运动员为了展现个人高超的攀爬能力和大无畏的勇气，甚至开始尝试无保护措施的所谓徒手攀岩。

　　在人才辈出的意大利登山运动员中，有一个人们不能忘记的名字，他就是瓦尔特·伯纳蒂。出身新闻记者和探险家的他，曾在其作品中多次提到登山运动是如何影响了他的生活。另外，来自德国慕尼黑的格奥格·温科勒，从14岁便开始参与登山运动，却于1888年殒命于瑞士魏斯峰的皑皑雪原中，直到

1956 年，他的遗体才被找到。为了纪念这位为登山运动献出了生命的德国人，后人将著名的摄影圣地——拉瓦雷多三座山峰中的一条攀登路线以他的名字命名。还有一个"人"也曾在白雪纷飞的阿尔卑斯山脉中生活，他便是来自远古时代的冰人奥茨，他的遗体如今保存在意大利的一座博物馆中。

裁　　判

　　很久以前，足球场上并不需要裁判。1863 年英格兰足球总会成立之时，设立的比赛规则中，并未提到裁判。那时的比赛中，有两名仲裁员履行近似裁判员的职责，他们负责沿某一半场边线巡视，但一般不会直接干预比赛进程。毕竟，在英国人看来，足球是绅士的游戏，参加足球比赛的绅士们会自觉遵守比赛规则的。

　　之所以增设裁判，是因为 1871 年英格兰足总杯与利益挂钩，球队获胜变得比以往都重要。为保证比赛的公平公正，仲裁员和裁判都不能是比赛双方俱乐部的成员，而且当仲裁员的意见不统一时，裁判员的决定是最终判决。1891 年，足球总会认为一场比赛中场内的裁判和仲裁员太多了，于是要求两位仲裁员专心在边线巡视，裁判是唯一的规则主判人员。之后，裁判员变得越来越有权威，对比赛也越来越重要。

　　在足球场上，我们能轻易地识别出谁是裁判，因为裁判的脖子上总会挂着一个哨子，以便发现违规时及时发令。裁判具体是从哪年开始吹哨子的，我们不得而知，但早在 1872 年就有相关的记录，那时某足球俱乐部的账本上写着"用五便士买了一个仲裁的哨子"。

除了哨子外，红黄牌也是裁判的固定装备。在 1970 年以前，红黄牌制度还没有设立，裁判只能口头告知球员已被记名或逐出场，但由于语言不统一，在国际足球比赛中很容易产生误解。对此，英国著名裁判阿斯顿十分苦恼，他很想找到解决这个问题的办法。一天，阿斯顿开车经过一个十字路口，心不在焉的他没有注意黄灯已经变了红灯，冲出路口时险些被卡车撞到。卡车司机朝他吼道："看清楚！是红灯！"阿斯顿灵光一闪，想到交通灯的红色和黄色信号灯也可以应用在球场上，让球员和观众都看清楚裁判的判定。当一名球员在比赛中严重犯规，裁判会举起红牌命令球员离场；如果裁判出示黄牌，就是警告的意思。

大　气

　　地球也被称为蓝色星球，因为从地外太空看来，我们所在的星球确实是蔚蓝色的。当我们抬头仰望天空时，经过大气层折射后的太阳射线也呈现出迷人的蓝光。事实上，身处大气中的我们，尽管身体每时每刻都承受着来自大气的压力，但对此我们似乎毫无察觉。这是因为我们身体外部的空气压力与身体内部的空气压力是相同的，两种力相互抵消了，没有压力差。

　　大气圈按大气在各高度的特征分为若干层次，其中距离地面最近的叫对流层。在对流层中，风云变幻，其平均厚度在中纬度地区为 17~18 千米。在对流层之上的，是被人们称作平流层的空间，它的高度一直延伸至海拔 55 千米。在海拔 22~25 千米的平流层中，人们发现了大量聚集的臭氧。正是得益于臭氧的存在，人类得以在享受和煦阳光的同时，不被太阳中的有害射线伤害。可惜的是，近年来随着地球污染问题的进一步加剧，臭氧层也受到了极大的破坏。在平流层以上，还存在着中间层、热层、逸散层。这五层空间构成了保护地球的大气层。大气层

中还有许多奥秘等待着科学家们
一一揭开。

　　陆地海拔的最高处还不到9千
米，因此可以说我们对大气层的了
解，就像"井底之蛙"一般。即使看
似平常的云彩，也能达到15千米的高
度。而人类对天空的探索，是随着飞
机的发明而逐渐"梦想成真"的，要知
道一般的飞机仅能保持10千米左右的
最大升限，即使像协和式飞机那样优秀
的超音速客机，也飞不过15千米的上限。
在此之前，人类对广袤天空的了解和
认知，则不得不借助于升空气球。比
如20世纪30年代，皮卡德的氢气球
便曾升到16.7~17.5千米高度的高空。

火　药

　　逢年过节，许多小朋友都盼望着看烟花、放爆竹。有些胆大的小朋友还会自己去点燃烟花爆竹的引线，然后捂着耳朵跑开，等着那绚烂的烟火冲天而上。这些烟花爆竹的内核就是用火药制造的。

　　火药是中国古代的四大发明之一。古代中国人经常幻想自己能长生不老，于是想出了各种办法来炼制仙丹，希望依靠服用"仙药"得以长寿。火药的配方最初就是中国古代炼丹家在炼制丹药的过程中发现的。后来，人们根据这个配方，将硝石、硫磺、木炭按一定比例配制在一起，制成了黑火药。在唐朝中期的书籍里，记载了制造这种火药的方法。

　　火药发明后，先是被制成了爆竹和烟火，到了唐朝末年开始用于军事。北宋时，火药在军事上大量使用。南宋时火药传到阿拉伯，随后又从阿拉伯传入欧洲。火药传到欧洲后，被各国用来制造成兵器，还在开山、修路等工程中广泛使用，促进了工业革命的到来。

闰　年

意大利人有一个说法——在闰年这一年当中诸事不宜，也就是说什么事情都不适合做。当然，这只是一个迷信的说法罢了。事实上，根据儒略历（公历的前身，制定于古罗马凯撒时期）计算，每年的元旦是2月24日，而闰年则表示当年的2月最后一周有两个周六。在技术手段落后的古罗马时期，虽然没有精确计算地球公转时间的原子钟，但是每年不只365天这一事实早已为古人熟知。为了更精确地计算时间，人们每隔四年便在日历上增加一天。因此，每到闰年，平时只有28天的二月便多了一天。对此最哭笑不得的，恐怕是那些出生于闰年2月29日的宝宝们了，尽管每年也和常人一样过一回生日，可是严格来说，他们的生日每四年才能庆祝一次。

当我们回顾历史时，怎样才能确定其中的闰年呢？孩子们，这里有一个窍门哦！从理论上来说，只要是能被4整除的年份就是历史上出现过的闰年了。制定于凯撒时期的儒略历竟能经久不衰沿用至今，这难道不足以令人啧啧称奇吗？

黑　　洞

　　对于人类来说，黑洞可以称得上是宇宙中最神秘的一种天体了。它们就像一口口幽深的井洞，即使是最具穿透力的光，也无法从中逃逸。而"井洞"的那头藏着什么，我们一无所知。直至近年，通过观测黑洞周围时空弯曲所产生的引力波，科学家们推断在两团黑洞之间发生了碰撞并最终融合，人类才得以窥见黑洞的奥秘。这一偶然的发现要归功于一位来自剑桥大学的女学生，她在无意之中发现了脉冲星的存在 [2]。这种星体，即使用天文望远镜也无法观察到，而判断它存在的依据是它产生的有规律的脉冲信号。脉冲星具有极高的密度，相当于将 200 艘超级油轮浓缩进一把小小的咖啡勺中那样的密度。

　　其实，所谓的黑洞只是一颗颗消亡星体的"遗骸"罢了。这些星体有大有小，小的在沉默中渐渐消亡，而大的则会在"死前"爆发出巨大的能量，并分裂出数以百万亿计的小星体。相比较脉冲星而言，黑洞的能量密度要强百万倍之多。这些或大或小的黑洞散布于浩瀚的宇宙当中，我们无法直接观测到它们。

不过，科学家们可以通过测量黑洞对周围天体的作用和影响，来间接观测或推测它的存在。或许在遥远的将来，我们能够穿越黑洞进行一场时空旅行，而现在，这一切还只能出现在科幻作品中。

人口普查

　　据史料记载，最早进行人口普查工作的聚居民族是苏美尔人。在其之后，古埃及人、罗马人和犹太人等皆曾通过人口普查的方式，了解其国民的总体数量和概况。时至今日，人口普查仍是各个国家中事关民生大计的一项重要工作。然而，在早期的人口普查工作中，最让工作人员头疼的问题是人工核算，不仅耗时耗力，还常常会因计算错误而前功尽弃。

　　19 世纪 80 年代，美国又举行了一次全国性人口普查。在人口调查局从事统计工作的霍列瑞斯很发愁，因为他们至少要花费 7 年时间才能完成数据的统计分析。怎样才能够提高人口普查工作的效率呢？他们迫切需要一种机器，帮助完成繁重的统计制表任务。于是，霍列瑞斯投入到制表机的研制中。受到杰卡德编织机"穿孔纸带"的启示，1884 年，霍列瑞斯在前辈巴贝奇[3] "自动计算器"原理的基础上，改进制作出第一台制表机。但这台制表机用"穿孔纸带"输入数据，只能统计出总数，无法对个人数据进行分类和修改，也无法重新登记。

霍列瑞斯继续寻求改进，并时刻思考着改进制表机的突破口。某天，他乘火车到美国西部办事，当他走向车站检票口，从口袋里掏出火车票时，一个灵感突然闪现，他顿时怔住了。在检票员的催促声中，霍列瑞斯把车票递上去，只听"咔嚓"一声，属于他个人的这张车票，当即被穿了一个小孔。见此情景，霍列瑞斯想到了数据分类的办法：把连续的"穿孔纸带"换成每人一张的"穿孔卡片"。于是，他居然车也不上了，转过身朝车站大门口走去，他急忙奔回实验室去验证自己的想法了。

后来，霍列瑞斯与美国人口调查局合作，发明了使用电气连接触发记录信息的机器，可以高速地从卡片上特定排列的孔洞分析出数据——他们用打孔表示数据，如一个孔代表"男性"，无孔则代表"女性"。此外，他还创造性地用孔的位置和排列数量，表示被调查者的年龄和职业等信息。在霍列瑞斯制表机的支持下，美国这次人口普查的统计工作仅用了6个星期就完成了，普查工作的效率和准确性得到极大提高。后人把霍列瑞斯誉为"数据处理之父"。

你好/再见

　　ciao（你好、再见）这个词虽然源自意大利语，但是在当今的法语、西班牙语、葡萄牙语、俄语、保加利亚语、克罗地亚语中，它都成了一个当仁不让的高频词。从历史上来说，ciao 这个词风靡全欧洲，仅用了不到 200 年的时间。而其源头可追溯至早期威尼斯人之间互谦致敬的一种表达方式。在早期威尼斯方言中，这个词也被写作 s'ciao（您的奴仆），即拉丁语中表示"奴隶"的 sclavus 一词。因此，早期的威尼斯人便用 s'ciao，以自谦的方式与对方攀谈。这一方言词得以在世界各国流传，首先要归功于威尼斯著名的即兴喜剧作家哥尔多尼。他用生花妙笔，将 18 世纪威尼斯的市井元素，融合进自己的戏剧创作之中，并因此被后人尊称为意式喜剧之父。他的剧本也因此在意大利流传。自 19 世纪开始，ciao 这个词开始向西进发，逐渐成为伦巴第大区 [4] 人民的日常用语。然而，这个词在世界各地流行开来，还有一个不可忽视的因素，那就是 19 世纪末的大规模移民活动，正是由于移民们在世界各地安营扎寨、定居从业，ciao 这个词才逐渐获得了巨大的生命力和影响力。

芫　荽（yán sui）

芫荽是西餐烹饪中常见的一种佐餐香料。在古罗马人眼中，芫荽还具有疗治头疾的功效。他们认为将芫荽的种子放在枕头下，病人第二天就会痊愈。到了中世纪，人们还常在芫荽表面撒上白糖，制成色彩斑斓的碎屑，在狂欢节期间用来抛撒。直至 16 世纪，人们为了避免浪费食物，才逐渐用石膏做成的球状物来替代芫荽。但是，这种用石膏做成的小圆球，比较容易造成伤害事故。因此，300 多年后，一个名叫恩里克·曼吉利的人，建议在狂欢节期间使用纸质材料作为替代物。这位来自意大利米兰的工程师，是当地一家缫丝厂的老板。他在生产过程中广泛使用打满小孔的纸质圆碟作为养蚕的垫草，可是，在蚕茧结成后，这些小纸碟便没用了。1875 年，为了避免浪费，恩里克便将这些小纸碟适当处理了一下，供人们狂欢的时候抛撒。从此，这种抛撒彩色碎纸的做法在世界各地便广为流传开来。不过，对于抛撒彩色碎纸这一传统的由来，还有另外一种说法。据说，当时有一个名叫埃托雷·芬德尔的小朋友，他来自奥地利帝国统治下的的里雅斯特市。他的父母严厉禁止他在狂欢节时向窗外抛掷石膏制成的小球，以防伤人。这时，小埃托雷便想到了书桌上摆放的彩纸，他用剪刀把彩纸剪成一块块小纸片，再从窗口抛撒出去。小埃托雷的这一做法迅速传开了。而埃托雷长大以后成为了一名核工程师。

每逢斋戒节到来的时候，天主教徒们为了纪念耶稣的受难，需要虔心忏悔、缩衣紧食。而在这个节日来临前，人们可以尽情狂欢。在此期间，过去的人们常常头戴面具，彻夜狂欢。而今天的人们，有的会参加花车游行，而有的，特别是许多孩子们，则习惯在狂欢节上将自己打扮成卡通漫画中的模样，来一场角色扮演（cosplay）！

宪　法

　　当今世界大多数国家各自都有成文的宪法。宪法主要规定了国家的政治体制和公民基本权利，有些宪法还谈及国家建国的目标和社会、经济等各方面的政策。不同国家的宪法反映了不同民族的历史、文化和根本价值、信念。宪法规定了政府与人民的关系，政府的权力及其限制，公民的权利和义务等。

　　英国是世界上最早诞生宪法的国家，也是最早实现宪政的国家。英国宪法最早可追溯至 1215 年颁布的《自由大宪章》，1688 年"光荣革命"颁布了《权利法案》，标志着具有现代意义的英国宪法的初步形成。《权利法案》共 13 个条款，明确了对王权在立法、行政、司法三个方面的限制，确立了议会至上的原则，奠定了英国政治经济及社会发展的法律基础。

　　美国宪法的形成，是以 1789 年 3 月 4 日召开的美国第一届联邦国会宣布《美利坚合众国宪法》生效为标志的。美国宪法受欧洲启蒙思想家"天赋人权"和社会契约论的影响，选择了彻底的共和制度，国家结构从邦联制转为联邦制；美国宪法规定了立法、行政、司法三权分立的原则。

1906 年，俄罗斯尼古拉二世迫于形势，颁布了宪法《国家根本大法》，确立了国家杜马（即俄罗斯联邦会议的下议院）的政治地位，开始建立君主立宪制度。十月革命胜利后，1918年颁布了《俄罗斯社会主义联邦苏维埃共和国宪法》，规定"苏联一切权力属于人民"。

1949 年，中华人民共和国成立后，中国人民政治协商会议通过了起临时宪法作用的《中国人民政治协商会议共同纲领》。1954 年，第一届全国人民代表大会制定了中华人民共和国的第一部宪法。中国现行的宪法是 1982 年制定的，它体现了改革开放和社会主义现代化建设时期的法理基础，"一国两制"方针也源于这部宪法。在这以后，截至 2018 年底，先后进行了五次修宪，使其内容逐步完善，确立了依法治国、保障人权、建立社会保障制度等。2014 年 11 月 1 日，中国全国人大常委会把每年的 12 月 4 日设为"国家宪法日"。

领　带

　　最早佩戴领带的人，据说是早期来自现克罗地亚地区的雇佣兵（以金钱为目的而参战的特殊兵种）。他们在欧洲 30 年战争期间（1618—1648）曾来到法国太阳王路易十四统治下的巴黎城。在这场生灵涂炭的欧陆大战中，这些雇佣兵统一穿着红色上衣，胸前配有黑色的胸饰纽，脖子上系着方形围巾。这一别具特色的军装款式很快在凡尔赛宫中引起阵阵骚动。据说有人曾向这些来自克罗地亚的雇佣兵请教，他们所佩戴的围巾究竟源自何处。士兵们则骄傲地表示这一服装款式来自克罗地亚本民族的传统样式。

　　领带的广泛使用，首先要归功于太阳王路易十四的极力推崇。在他的鼓励下，人们渐渐脱下了笨重的针织轮状皱领，并开始戴上这一被称为领带的新鲜事物。随着时代的发展，领带也由最初较为笨重繁复的样式，变成了我们现在熟悉的模样，并起到了很好的装饰作用。直到现在，在西方，凡是在官方场合还必须戴领带呢。当然时至今日，我们仍能在日常生活中见到许多政治人物、新闻工作者或商务人士，为了展示自己的职业形象，依旧佩戴领带。似乎领带已经不仅是一种装饰，而是着西装重要的组成部分。人们非常重视领带的用料、款式和颜色，很讲究不同场合佩戴不同款式的领带。

十字军东侵

　　1095 年秋天，位于法国南部的克勒芒城忽然非常热闹，原来罗马天主教教皇正在召开一次规模很大的宗教会议。会议结束那天，教皇向聚集在城外的人们发表演讲："上帝的孩子们！耶路撒冷是主的圣地，耶稣基督就降生在那里，他的陵墓也在那里，但是现在被那些信奉伊斯兰教的异教徒占据着，蹂躏着。我现在恳求你们，把圣地从异教徒那里拯救出来！另外他们那里物产丰富，连穷人都可以过上富裕的生活，那里的土地比世界上任何地方都肥沃，到那里去，一切都会富裕起来的！"说完，他高举胸前的十字架，号召不同阶层的人们奔赴东方去"拯救圣地"。教皇的话音刚落下，人们就涌向前去，他们每人领取一块红布做的十字戴在胸前，成为了十字军一员。第二年春天，由法国北部、中部和德国西部穷苦农民组成的十字军向东罗马帝国首都君士坦丁堡进发，由骑士组成的十字军也于第二年秋天出征。1097 年春天，所有十字军队伍在君士坦丁堡会合，开始了历时两年多的"拯救圣地"的战争。

1099 年 6 月上旬，十字军将耶路撒冷城团团围住，但久攻不下。7 月 15 日，十字军集中攻城机向一个地方猛攻，同时向城内投掷燃烧的木头，城内浓烟和火焰越烧越大，守军终于支撑不住了，十字军趁机攻入城内。一面面绣着十字的旗帜在城墙上飘扬，"圣城"耶路撒冷终于落入了十字军之手。十字军骑士们马不停蹄地杀戮那些异教徒，不管是老人、妇女，还是孩子。他们将珍宝洗劫一空后，全城居民被屠杀的人数超过 70000 人。

十字军东侵延续了约 200 年之久，尽管最终因各种外部、内部原因没有达到东侵最初的目的——将耶路撒冷夺回，由基督徒统治，但东侵的战士沿途学会了很多东西，并把沿途地区的一些先进文化和知识带回了欧洲，推动着欧洲走向开放的现代世界。

公民的不服从义务

　　亨利·梭罗出生于北美大陆，他鼻尖高耸，嘴巴却长得有些斜歪，从小特立独行。青年时代的梭罗因不满他所任教的学校体罚学生而毅然辞职，之后独自来到瓦尔登湖边，过起了鲁滨逊[5]式的荒野生活。在这期间，梭罗甚至独力建起了一座小木屋。后来，他将自己这一段难忘的经历写成散文集《瓦尔登湖》，并于1854年出版发行。这本散文集面世以来受到了世界各地读者的大力追捧。此外，梭罗还出版了一本政治随笔《论公民的不服从义务》。在这部书中，梭罗讲述了自己因拒绝纳税而被关进监牢的一段经历。当时由于不满美国南方的奴隶制，他便以逃税的方式表示抗议，最终导致自己入狱。若干年后，《论公民的不服从义务》这本小册子被一位名叫甘地的印度青年发现了。由此"非暴力不合作"的理念在甘地的脑海中渐渐萌发壮大，后来这一思想极大地影响了亚洲乃至世界的发展格局。

白 云 石

　　这个故事与一位名叫多洛米厄的法国地质学家有关。没错，我们在《登山运动》中提到过他。多洛米厄出生于 1750 年，在他 39 岁的时候，法国爆发了资产阶级大革命，而身处旧官僚阶层的多洛米厄却多次对革命者表示同情和支持。没想到的是，那些所谓的革命者，竟假借革命之名，四处欺压百姓。在看清了他们的真面目后，多洛米厄决定离开喧嚣的政治生活，重拾童年的爱好——收集奇石。多洛米厄不辞劳苦，辗转来到阿尔卑斯山麓。后来多洛米厄将在山上采集到的几块矿石样品送到了他的一位瑞士朋友的手上。经过严密的分析，最终确定其中的一块石头是由 200 多万年前的珊瑚礁石演化而来的（被后世称为白云石），这也证明了作为欧洲之巅的阿尔卑斯山，数百万年前还处于浩瀚的海洋之下。为了纪念多洛米厄，这块矿石被冠以"dolomia（该词与多洛米厄的名字"Dolomieu"词源相同）"之名。而位于意大利的人间仙境——多洛米蒂山脉也同样得名于这位伟大的地质学家。

直升飞机

　　说来你可能不信，"直升飞机"曾经是中国古代孩子们的玩具。这款玩具名叫"竹蜻蜓"。大约在公元前 5 世纪，孩子们只需将两片竹片与一根小木棍组合起来，用双手揉搓或使用橡皮筋，便可让轻盈的竹蜻蜓飞上空中。时至今日，这一简便而不失乐趣的玩具，在东亚国家，特别是中国和日本等国，仍是许多小朋友的最爱。15 世纪中叶，这款玩具传到了欧洲。受到这一新奇玩具的启发，伟大的发明家达·芬奇于 1480 年设想并绘制了原理与竹蜻蜓类似的"飞行螺丝"草图。这位文艺复兴时期在艺术、科学和设计领域大放光彩的全能之士，甚至通过观察与模仿鸟类飞行，设计出了现代飞机的雏形。

　　然而，在达·芬奇"飞行螺丝"手稿公布 400 多年后，人类才第一次开始认真地进行直升飞机设计的可行性分析。直到 1940 年，美籍俄裔科学家西科尔斯基才设计出人类历史上首架真正意义上的直升飞机，其设计思想与理念一直沿用至今。随着科学技术的不断发展以及人类生活需求的提升，直升飞机早已不再仅仅满足我们简单飞行的要求，一代代新机型不断研制出来，它们有的被用于医疗运输，有的被应用于消防部队扑灭火灾，有的被用于执行搜救任务，等等。

海　盗

　　孩子们，你们一定读过不少有关海盗的冒险小说吧。在你们的印象当中，海盗都有什么特征呢？可能有的小朋友会不假思索地回答："独眼龙和骷髅海盗旗。"或许有的小朋友还会想起海盗们埋藏于世界各地的秘密宝藏。不错，所谓海盗，顾名思义就是那些常年航行于海上，靠掠夺他人财产维生的人。

　　历史上有些很有影响的民族，他们居然曾是干海盗交易的。比如，曾经在公元前1000多年便发明了字母的腓尼基人，又比如在查理大帝时期就已漂洋过海的维京人[6]，等等。在与海盗交往的故事中，有两个意大利人特别值得一提，一个是古罗马时期的恺撒大帝，他曾遭遇海盗劫持；而另外一位则是著名的航海家哥伦布。哥伦布在第三次前往美洲航行的归途中曾遭遇海盗，但幸运的是最后化险为夷了。1492年，哥伦布首次发现美洲新航线后，当时的两大航海帝国——葡萄牙与西班牙便沆瀣（hàng xiè）一气，将美洲"新大陆"[7]瓜分并据为己有。为了在与这两大海上霸主争夺利益的过程中发展自身，许多后起的航海大国，如 16 至 17 世纪时的法国、英国和荷兰等国，便开始默许乃至主动资助带有海盗性质的私掠船队，对西班牙、葡萄牙两国的海外殖民地和船队进行袭扰和劫掠。后来，为了分赃公平，这些当年盘踞在加勒比海和墨西哥湾一带的海盗们还结成了所谓的"海岸兄弟会"。当时，位于海地北海岸的一座岩石众多，形似海龟背壳，被人们戏称为"龟岛"的岛屿，就是这些海盗们"共谋大事"的一个大本营。

恐　惧

　　恐惧是人类与生俱来的本能。恐惧的程度有很多种，从强度最弱的担心与焦虑，到中等强度的害怕、恐惧，直到最严重时的惊悚、胆寒，乃至恐慌，这一切情绪的表现都反映了人对环境中危险因素的感知能力。在意大利语中，"恐惧（fobia）"一词来源于希腊语；而在希腊语中，其原本是战神马尔忒（Marte）的其中一个儿子福波斯（Fobo）的名字。根据希腊神话的描述，福波斯常常跟随父亲征战，并负责将恐惧之感散布于敌军之中。

　　1877 年，美国天文学家阿萨夫·霍尔通过多年的观测，首次发现了围绕着火星（Marte）[8]的两颗天然卫星，并分别以战神马尔忒两个儿子的名字——福波斯和德摩斯命名，寓意子随父业、永不分离。

　　时至今日，随着科技的发展，人类

对火星的了解和认识已日益增多。或许在不久的将来，人类将登上这颗"红色星球"[9]，并暂时忘却现实的烦恼，在那儿过上一段舒心惬意的假期。有一则好消息称，科学家在福波斯卫星上发现了水冰的存在。而这一物质经过适当的加工和处理，可以分解出宇宙飞船燃料需要的物质。或许，在未来的某一天，这个在希腊神话中"恐惧"的代名词，将因福波斯卫星这个燃料补给站的存在，而带给人们与"恐惧"截然相反的"安定"之感。

化　石

　　地球自诞生之日起，其表面的地壳便在不停地运动。这种地壳运动主要由地热能与太阳辐射能的共同作用而产生。经过亿万年的演化，地球表面的形态和各大洲的位置早已发生了翻天覆地的变化，而我们脚下那层层叠叠的岩层，便是这一变化过程最忠实的记录者。为了揭开地表下埋藏的重重历史迷雾，一批又一批的地质学家和古生物学家致力于探索大地深处，而化石标本则是他们在这次征程中最好的伙伴。英语中"化石（fossil）"一词，来源于拉丁语中表示"发掘"的 fossili 这个词。

　　在一个又一个化石标本的指引下，他们发现了 5 亿年前的鱼类遗迹和 2 亿多年前蠕虫和软体动物的痕迹。在那个时代，作为现代鱼类的祖先，它们生活在近海岸的浅水中，并能轻松自如地在陆地上行走。随后，地球迎来了恐龙时代。这些庞然巨物拥有细长的脖子、粗壮有力的尾巴和相对其体型不成比例的"小爪子"，有的恐龙的后背甚至长着令人望而生畏的长棘。在这些庞然巨物当中，我们较为熟知的要数霸王龙、鱼龙和糙牙龙等，翼龙更因其与众不同的飞行能力，吸引了大量古生物学家的目光。然而，一场突如其来的变故让恐龙灭绝了。随之而来的则是各种早期鸟类和哺乳类动物的时代，而古生物学家们从地下发掘出来的大量巨熊骨骼、猛犸象牙和剑齿虎爪标本，则足以证明早期哺乳动物曾在地球占据统治地位。而人类的历史，则是后话了。

棒 棒 糖

　　小朋友们最喜欢的零食是什么呢？可能有的小朋友会说是棒棒糖。棒棒糖起源于上世纪 50 年代的西班牙，产生于一位糖果制造商的一个念头。以前在西班牙，糖果通常都一颗颗放在玻璃罐里保存，等到有人要购买时，再请店员拿出来包装。糖果放在玻璃罐里，虽然利于保存，但是不方便拿取，每次都要转开瓶盖取出糖果，然后又要把盖子拧紧，比较麻烦。而小孩总是直接用手接过糖果放进嘴里，有时候糖果比较大，孩子没法一口吃下，就得用手拿着糖吃。如果手不干净的话就会把细菌也吃进肚子里。于是一家糖果制造商的老板恩里克想了一个好主意来解决这个问题。他在糖果上插上一根小棍子，创造了"就像用叉子吃甜点"的糖果，也就是棒棒糖了。

　　除此之外，恩里克改用五颜六色的鲜艳包装纸将棒棒糖包住，一根根展示在柜台——取代玻璃罐后，省去了很多麻烦。后来，这家糖果制造商还邀请西班牙超现代派艺术大师达利为他们家的棒棒糖设计了花型商标。

重　力

　　牛顿是一位伟大的科学家，据说在他还是个大学生的时候，一天，当他坐在树下休息时，一个苹果不偏不倚地落在了他的鼻子上。正是这一砸，在牛顿心中深深地埋下了一粒思想的种子。后来当他成了物理学家后，他联想到了"苹果落地"可能是因为受到了地球某种力量的吸引。经过一系列科学研究，牛顿最终提出万有引力定律，也就是重力学说。根据这条定律，地球在围绕太阳公转的过程之中，正是因为引力的作用，地面上的万事万物才不会被甩出去。同样的道理，地球与其他星体之间，比如月球，也正是依靠互相的引力作用，才得以在浩瀚的宇宙之中"携手并肩"，有规律地运动着。在牛顿去世几百年以后，在电子天文望远镜的辅助下，人类才终于得以亲眼验证万有引力定律的客观存在，从而更好地理解这位伟大的英国物理学家对人类所做出的巨大贡献。正如其墓志铭上所言：人类能拥有像牛顿这样的人，实在是幸运。

赫 兹

　　说起波浪，你们会想到什么呢？可能首先想到的是海浪，也许会想起茂密的大波浪卷发。其实还有一种波浪，它看不见摸不着，只有通过特殊的实验器材，我们才能察觉到它的存在，这便是著名的"电磁波"。借助电磁波，我们得以把动听的乐韵以及各种欢声笑语传遍全球。

　　自从英国物理学家麦克斯韦建立了电磁理论并预言了电磁波的存在后，许多科学家都想用实验来证实电磁波的存在。第一个捕捉到电磁波的是一位德国科学家，他的名字叫海因里希·赫兹。

　　1885 年，赫兹进入卡尔斯鲁厄高等技术学院任教，除了教学外，他把几乎所有的时间都用来做实验。他用一种名为感应圈的仪器进行实验，反复观察感应圈上彼此绝缘的两个线圈。偶然之中，赫兹发现当给第一个线圈输入一个电流的时候，第二个线圈就有火花产生。于是他升级了实验装置，在一段铜丝的两端各固定一个小铜球，并使两个铜球距离很近，然后放到感应圈附近。

　　1887年的一天，赫兹在实验时发现，电火花在两个小铜球之间跳跃。他想，如果电磁波真的存在，那么它会穿过大半个实验室，到达房间另一端的铜环接收器那里，接收器的铜球也会有电火花出现！于是赫兹飞快地把所有窗帘拉上，他清楚地看见，淡蓝色的火花在铜环中绽开，这就是电磁波存在的证明！

　　为了表彰赫兹在无线电波研究中做出的杰出贡献，人们用他的名字"赫兹"命名国际单位制中表示频率的单位。1895年，一位名叫伽利尔摩·马可尼的意大利科学家看到了电磁波的潜质，用感应线圈和顶负荷天线完成了火花放电式摩斯电报试验。经过多年的研究，1901年，马可尼首次成功测试利用无线电进行通讯。紧接着，欧美一些国家也先后开始了无线电的实验性广播。

夸　张

　　"夸张"一词，既可以用作形容词，也可以用作名词。当它用作形容词的时候表示"言过其实"，甚至"完全不可能实现"。比如我们在日常生活中，常听人们说的"我爱你爱得要死""我愿意等你一辈子""我要累死了""你把我的心伤透了"等等都是夸张说法。当它用作名词的时候，是指文艺创作中突出描写对象某些特点的手法。历史上，许多著名的文学家，如但丁[10]、彼特拉克[11]和莱奥帕迪[12]等，常在文艺作品中使用夸张这一修辞手法，尤其是德国讽刺文学大师拉斯伯。拉斯伯不仅是文学家，同时还是享誉海内外的自然学家、地质学家、数学家和图书馆管理员。然而，这位还兼任大学教授的渊博才子却因过度挥霍而债台高筑，竟不惜铤而走险，盗窃和变卖了许多宝贵的文物，最后不得不逃亡至英国寻求庇护。他的成名作《吹牛大王历险记》就是一部充满各种夸张情节的历险故事集，以主人公敏豪生男爵的第一人称视角叙述。在故事中，主人公 18 岁便早早参军，并参加了惨烈的俄土战争。他 40 岁退役后，便开始写各种令人瞠目结舌的奇遇故事，如怎样登气球逐烈日，野狼拉雪橇有哪些奇遇，怎样骑炮弹飞行，怎样乘风到月球旅行等，其夸张程度不亚于任何一部以无厘头式搞笑的喜剧。

故事的主人公敏豪生男爵并不是拉斯伯虚构的人物，而是确有其人，他是 18 世纪德国汉诺威地区的一名庄园主，出身于名门望族。随着《吹牛大王历险记》的巨大成功，热爱旅行和吹牛的敏豪生男爵相继出现在各类影视和动画作品当中。

牛 仔 裤

　　在 15 世纪，当时欧洲各国的商人都很喜欢来自中国的丝绸、佛兰德 [13] 地区的帆布、意大利佛罗伦萨的织布和意大利热那亚的天鹅绒。然而，一个来自热那亚的纺织工人却因为技艺不精纺出了一块粗糙坚硬的烂布头。在当时的人看来，这简直是纺织史上的一场重大灾难。然而，一个法国里昂商人却花重金买下了这种被他称为"热那亚"的布料，然后将其染成靛蓝色，卖给英国海军制作军服、吊床和救生艇罩等。后来，一批去美洲大陆的英国人，在旅途中发现了这种既坚固且实用的布料，并迅速将其广泛用来做马车罩布。

　　第一个发现这种蓝色硬布蕴含巨大商业价值的人，是一位名叫列维·斯特劳斯的德裔美国人。他独具匠心地将这种坚硬的工具罩布剪裁成穿着舒适的裤子，并成功地吸引了一大批手工业劳动者购买，其中还有不少铁路工人和牛仔们等。在美国，这种布料最早被人们称为"jene-fustian"，即"热那亚绒布"，而由其制成的裤子则被许多美国的平民百姓误读为"blue-jeans

（牛仔裤）"。

自 20 世纪 50 年代开始，被称为"嬉皮士"[14] 的美国青年一代崛起，他们为了展示自己反时政、反习俗的决心，也开始广泛穿着这种来自社会底层民众的代表性着装。而具有讽刺意味的是，早前反对他们穿牛仔裤的父辈们也很快接受并爱上了这种穿着舒适的布料。牛仔裤迅速走红，而牛仔裤最忠实的粉丝恐怕非孩子们莫属了。他们穿上牛仔裤后，即使弄得满身污泥，也不必过多担心妈妈的责备。如果在玩耍的过程中，不小心把裤子磨破了几个大洞，那就更好了，因为这种破烂兮兮的样子，在牛仔裤市场更受欢迎。

蓝色牛仔裤

玩　偶

　　玩偶对小孩子来说，不仅是一个玩具，而且是他们的亲密伙伴，能陪伴他们聊天，能在过家家时充当他们的家人与朋友。

　　在玩偶出现之初，什么东西都可以成为制作玩偶的材料。最早的玩偶是用黏土和石头制作的，也有用木头、皮毛等材料制作。古埃及的玩偶是用木头雕刻的，然后涂上颜料，用成串的木珠子当头发；原始的日本玩偶用去皮的柳条制作身躯，用纸做衣服，用细绳做头发。随着技术的发展，制作玩偶的材料越来越多，陶瓷、塑料、橡胶、毛毡制作的各式玩偶出现在世界各地，甚至被赋予了当地的文化内涵。19世纪时，德国有一种瓷制玩偶，小的被称为"冻僵的夏洛特"，大一些的则叫作"冻僵的查理"，它们张开着前臂，就像是被冻僵了一样。它们的形象来源于一首名叫《美丽的夏洛特》的民歌，讲述了一个乡间女孩坐一辆雪橇去参加新年舞会，却因没有保暖的毛毯披在身上而在途中冻死的故事。

休　眠

　　每当寒冷的冬季来临，许多身披绒毛的动物，比如熊、旱獭、睡鼠和鼹鼠等，便会将自己蜷缩在事先挖好的洞穴之中，不吃不喝，一直昏睡，直到第二年的春天，天气变暖的时候，它们才走出洞穴。有些植物会在夏天休眠，比如玫瑰，在绽放了美丽的花朵后，会在每年的6月至7月进入夏眠期。此外，还有的动物一年里需要休眠两次，如蚯蚓和蜗牛等。

　　根据近年来的医学观察发现，良好的睡眠对保持人体身心健康具有积极的意义，因此，催眠术也越来越广泛地被应用于临床医学治疗当中。而还有的人更是突发奇想，要求医生把自己冰冻在特制的容器之中，就像那些冬眠的动物一样，等待着有朝一日解冻，到达未来世界。而这一像科幻小说情节的冷冻人体实验，已渐渐开始变为现实了。不过，即使他们最终得以成功到达未来世界，但醒来后一切也都物是人非，亲朋好友早已不在，他们能独自面对一个全新的世界吗？

金　砖

　　12.5 千克，这是国际标准交割规格中的实物金砖重量。金砖这种从内至外闪闪发亮的金属块之所以如此价值高昂，是因为在自然界中，每 10.5 吨重的石块中只能提取出 10 克的黄金。而这 10 克的黄金仅够制作一片微薄的小金片，或是一根 35 厘米左右、像蜘蛛丝一样细的金丝。在国际标准度量单位中，黄金的重量一般用盎司来表示，而标准金砖重量如果换算成盎司，约为 401 盎司。历史上，流通于世的黄金主要来自南非，而 2007 年中国市场异军突起，至 2020 年已连续 13 年蝉联全球第一黄金生产国。而伦敦，作为世界四大金市之首，历时长达 300 年之久，也是现时世界上最大的现货黄金交易市场。在 100 多年前的英国国家银行中，当时从全球各地掠夺来的金银珠宝多如牛毛，人们甚至可以轻轻松松地从金库中取出一块金砖，招摇过市足足一个时辰，也没人会将他拦下来。然而有一次，伴随着价值 35000 英镑的黄金不翼而飞，银行与顾客之间的"信任的小船"说翻就翻了。在这块价值不菲的黄金遭窃后，银行请来了伦敦警队中最出色的侦探们，发誓要将这件案子查个水落石出。在这些侦探中，有一名来自苏格兰的侦探费克斯，他通过比对发现有一个人的特征同警察局调查出来的窃贼的外貌特点一模一样。于是，便开始跟踪这位名叫福格的英国男子，并最终以"女皇政府的名义"将其逮捕归案。福格何许人也？他便是儒勒·凡尔纳于1873年出版的《八十天环游地球》中，拥有严谨作息时间、严谨做事风格，任何事情都在其掌控中的主角——大名鼎鼎的英国绅士福格。

盲　文

　　在这世上有些特殊的信息，需要懂得某种密码才能阅读，比如摩斯密码。摩斯密码是由一连串的点线组成的。在摩斯密码的启发下，当时某些学校里的孩子们为了瞒着老师秘密互通考试答案，便想到了用握紧的拳头或张开的拳头，分别表示不同的含义。盲文也是由一些凸起的圆点组成的。

　　1784 年，一位名为阿宇伊的法国人创办了世界上第一所盲人学校——巴黎盲校。阿宇伊是著名矿物学家雷内·阿宇伊的同胞弟弟，他自幼便学习书法，精通多国语言，在青年时代便常常受法国外交部的委托，负责起草各类政府公文。在那个打字机还没有出现的时代，这可不是一份轻松的工作。有一天，年轻的阿宇伊在一场音乐会上邂逅了美丽的女钢琴家帕拉迪丝小姐。然而令人惋惜的是，这位来自奥地利首都维也纳的钢琴才女，却因双目失明而无法像常人一样阅读乐谱。为此，帕拉迪丝只好在乐谱上通过特殊针刺的方式，用不同的刺痕来表示各种不同的音符，并以手指触摸代替肉眼阅读，从而实现自己登台表演的梦想。而帕拉迪丝小姐用针刺乐谱的做法也给了阿宇伊巨大灵感。为了帮助更多的失明人士，他从街头请来了一位盲人乞丐，并亲自授课。经过 6 个月的时间，阿宇伊使用自编的特殊教材，成功地教会了这位乞丐基本的阅读和算术。就这样，盲人也能学会读书写字的消息很快一传十、十传百地传开了，甚至引起了当时法国国王的注意。阿宇伊被国王请入王宫内，为他当面演示这一神奇的阅读方法。

值得一提的是，后来创立了 6 点制盲文的盲人路易·布莱尔，早年也曾拜师于阿宇伊门下。

蛋 黄 酱

　　蛋黄酱是一种调味酱品，是制作西式菜肴和面点的基本用料之一。常见的蛋黄酱虽然只需要鸡蛋、植物油与柠檬三种材料便可制成，但它的制作工序繁琐，而且对制作卫生要求极高。在制作蛋黄酱的过程之中，厨师须时刻保持手部的清洁，特别是在接触了蛋壳后，必须将双手洗净，才能接触食材，否则食用者会有患上沙门氏菌感染的风险。时至今日，由于鸡蛋在工业生产过程中，会经过多次反复的消毒与清洗，所以接触不干净的蛋壳而染上这种传染病的风险已大大降低了。

　　谈到蛋黄酱的原产地，许多人都以为是法国。其实，蛋黄酱源自西班牙的旅游胜地巴利阿里群岛。蛋黄酱之所以在法餐中广泛流行，要感谢一位名为黎塞留的法国元帅。1756 年，他在梅诺卡岛（巴利阿里群岛上的岛屿之一）举行的一次庆功宴上制作了这种深受当时法国人喜爱的调味酱。

　　说起巴利阿里群岛，它的命运可真是曲折离奇，罗马人、阿拉伯人、拜占庭人[15]、阿拉贡人[16]和英法列强都走马灯似地侵占过这个美丽的群岛。在经历了长达千年的异族统治后，终于回归西班牙管辖。

而这个群岛与蛋黄酱的关系，或许能为残酷的殖民战争史增添一分"清香爽口"的人性气息吧！

小　费

在当今西方社会，为表示对服务人员的感谢，许多人还保留着在餐馆就餐后留下小费的习惯。一些历史学家和语言学家通过对小费的英语单词"tip"的考证，得出了不同的结论。一个说法是，"tip"源于拉丁语"stips（礼物）"，两个词的拼法与发音都很相似，所以小费是在某个拉丁语系的国度最早出现的。另一个说法是，18世纪时，英国伦敦的一些餐馆会在餐桌上放置一个小木箱，上面贴有标签，写着"To Insure Promptness（保证迅速服务）"，

缩写就是"T.I.P."。客人只要将小额钞票或硬币投入箱里，便能享受优质快速的服务。不过也有人认为小费这种习俗来自法国：当时的法国贵妇为了向她们喜爱的骑士表达爱慕之意，常将袖套从衣服上撕下来，抛给骑士决斗中获胜的一方作为奖赏。

19 世纪初，西方国家出现过一次反小费浪潮，当时的反小费协会认为给小费是一种不良风气，号召人们加以抵制，但收效甚微，因为小费是很多服务人员的生活费来源。第一次世界大战以后，餐厅、旅馆开始实行"10% 服务费"制度，将价格提高 10%，这 10% 用作服务人员的固定工资。尽管服务人员的收入已有保障，然而新规定还是难以战胜老习惯，对服务上乘者，顾客依旧甘心解囊，给小费的风气依旧盛行。

气　象　学

　　地球既围绕着太阳转动，也时刻围绕着自转轴自西向东转动。随着地球自转，在太阳辐射热的作用下，便产生了由空气流动所引起的一种自然现象——风。在地球表面吹拂的风分为多种类型，有风向随季节有规律变化的季风，也有风向固定的信风。在帆船还航行于大洋之上的古代，由于信风具有风向恒定的特点，航海家们常常主动利用它航行。在古希腊神话中，掌管风向流动与速度的埃俄罗斯的职责早已被现代气象学家所取代了。"气象"这个词源自古希腊语，最早的意思是"天空中的事物"。

　　现代气象学家要准确预报天气，还必须依托许多气象观测工具。而300多年前意大利的佛罗伦萨，或可称得上历史上最早一批气象工具的发源地之一。现如今，为了更好地研究变化莫测的各种气候现象，人们在瑞士的日内瓦城设立了世界气象组织。此外，为了增进人们对气候研究的关注和兴趣，每年的3月23日被定为"世界气象日"。尽管这个节日远没有春节、圣诞节一般受到人们重视，但气象学却切切实实地影响着地球村居民每天的日常生活。比如，不管在亚洲、美洲还是欧洲，人们都习惯晚饭后通过电视观看各种气象新闻。在气象新闻常年的耳濡目染下，对气象学一知半解的普通人也逐渐了解到风分为多个种类：从时速20千米左右的微风，到时速60千米的大风、100千米以上的暴风，直至时速达到120千米的飓风，不一而足。在飓风的吹袭下，即使是坚固的房屋，也有被连根拔起的危险。而据气象学家研究发现，最大的风力甚至能达到时速450千米。所幸，这一类具有超强破坏力的风通常发生在高空之中，因此不会对人类的日常生活、生产造成严重的影响。

风，呼呼地吹着，裹挟着远方的气味、声音，风里看似什么都没有，其实却承载着人类的文明。

度量单位

　　说来"米"这个国际度量单位仅有 200 多年的历史。1791 年，法国巴黎一群著名数学家通过投票决议，把"米"这一标准定为长度单位。此后"米"成为世界各国间共同承认并使用的标准度量单位。

　　在这群大名鼎鼎的数学家之中，有一位叫让·夏尔·波德的法国人，他曾经带领他的科研团队，着手测量地球子午线的长度。为了统一长度计量单位，他们决定把巴黎子午线长度的四千万分之一定为 1 米；而这个表示"米"的单词"metro"，来源于古希腊语，原意为"测量"。为了将"米"这个看不见、摸不着的抽象概念具象化，人们还在 1799 年专门制作了一根铂铱合金棒，并把其长度定为标准的 1 米，这根棒也被后人称为国际米原器。随后，为了使"米"这一长度单位更加精确，科学家们还曾于 19 世纪末期重新制作了另一个米原器。尽管后来被证明相比真实的 1 米，这根现存于法国塞夫勒（国际计量局所在地）的米原器短了足足 2 毫米，但仍不可否认其巨大的历史意义与价值。

在"米"这一国际通用单位被应用之前，世界各地使用着不同的长度计量单位。比如在沿地中海地区的古希腊、古罗马等地，人们常用脚的长度表示长度单位，这一长度单位至今仍被英国沿用（英语"foot"一词既表示"脚"，也有"英尺"的意思）；有些国家甚至用一节大拇指的长度（大概 2.5 厘米）作为单位。另外一个古代常用的长度单位是"臂"，它早期曾被意大利半岛上的布料商人广泛使用。而今天，这个单位则更多被应用于海事领域，常用作海底深度的标准单位。

微 生 物

　　微生物个体微小，结构简单，靠不同的营养要素为生，其中包括碳源、氮源、水等。它们的体型非常细小，每克土壤包含了成千上万的各类微生物。有人认为微生物是一切疾病的根源。事实上，微生物是大自然得以正常运行不可或缺的重要物质。比如，在它们的"辛勤工作"下，氮元素从牛粪中被释放出来，从而向植物供给丰富的营养。此外，所有生物死亡后，它们的尸体在微生物的作用下会分解为各种有益物质，其中对生命体尤为重要的要数碳元素。

　　微生物的发现，有赖于一名荷兰科学家的辛勤劳动和孜孜不倦的研究热情。这位荷兰科学家名为列文虎克，生于荷兰瓷器之都代尔夫特。这位被后人誉为"微生物学之父"的伟大科学家出身于手工艺人家庭，也没有受过任何高等教育。他的父亲去世得早，在母亲的抚养下，列文虎克读了几年书，16岁便开始外出谋生，干过小商贩和售货员，过着漂泊的生活。直到后来返回家乡，他才在代尔夫特市政厅当了一位普通的看门人。

在列文虎克生活的那个年代，许多政府机构的看门人常常身兼数职，以贴补家用。而与他身边那些从事裁缝、鞋匠等兼职工作的同事们不同，列文虎克利用宽裕的闲暇时光，全身心进行放大镜的制造和改进工作。与此同时，他使用20年前由英国科学家胡克发明的原始显微镜，观察手中一条细小的苍蝇腿和一只细如发丝的跳蚤腿，从而开启了他对显微镜下神奇的微生物世界的极大兴趣。1684年的一天，他将一滴水珠置于显微镜下，发现水珠里面竟有许多奇形怪状的微生物，他兴奋地高声呼叫着自己的新发现。身边的邻居都认为这个出身贫寒的看门人疯了，只有他的年轻女儿——时年19岁的玛丽亚是他坚定的粉丝，自始至终支持着父亲的工作，并坚信父亲的发现将为全人类开启一扇从未开启的科学大门。

热 气 球

　　约瑟夫·孟格菲和雅克·孟格菲兄弟出生于一个富裕的造纸商家庭，他们从小便对各种发明充满兴趣，而在蔚蓝的天空中遨游更是兄弟俩毕生的梦想。有一天，正当他们全神贯注地在听着老人们讲述古代飞行先驱巴克维勒侯爵的故事时，忽然注意到不远处的火炉，在那熊熊烈火之上，一片片大小不一的煤灰屑，正乘着翻滚的火势，在空中飘舞着。受此启发，两人很快想到了家中的老本行，他们把库房里的纸张拿来制作成许多大小、形状不一的纸袋，然后用纸袋把热气收集起来，他们很快发现加热的空气进入纸袋后会使袋子膨胀进而随着气流飘然上升。于是，他们想到用热气使气球飞起来。然而，兄弟俩的气球实验并非一帆风顺，他们首先解决的问题是如何将持续发热的火炉安置在气球之下。

　　1783 年 6 月 5 日，经过一轮又一轮的试验、改进和调整，孟格菲兄弟向空中升起了人类历史上第一个热气球。这个热气球是用布制作的，它升到空中并达到 300 米的高度后安全地降落。当年 9 月，在法国国王路易十六的邀请下，孟格菲兄弟来到皇宫所在地凡尔赛，将一个载有一只鹅、一只羊和一只公鸡的热气球，成功释放到 800 米左右的空中。气球在空中持续了 8 分钟并飞行了 3500 米左右后，最终将 3 只小动物安然无恙地带回了地面。这一次成功的热气球飞行试验令现场的观众叹为观止。大约两个月后的 11 月 21 日，皮拉特尔和一位法国军官第一次乘坐热气球自由升空，两人在 25 分钟内从巴黎市中心飞到了郊区，全程约 9 千米。

后来，为了纪念兄弟俩发明热气球，及他们对人类飞行事业所做出的巨大贡献，人们便用他们的姓命名热气球，并收录于西方各国词典中[17]。从此，兄弟俩的姓氏，便成为"热气球"的代名词。

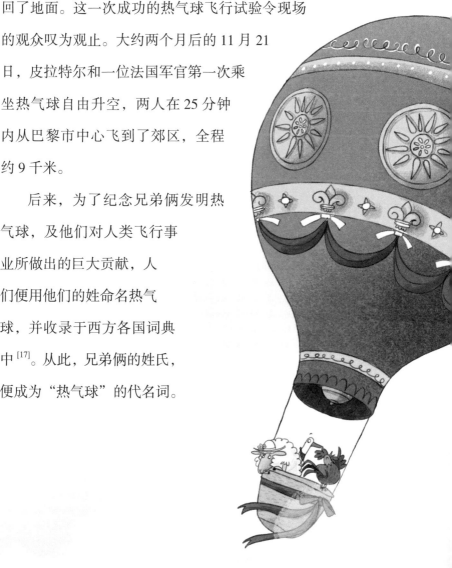

诺 贝 尔

  他，去世前坚持立遗嘱，要将生前巨额财产回馈社会；他，设立了名满全球的基金会，用以奖励和资助每年从世界各地选出的五位分别在物理、化学、医学、文学和世界和平领域做出杰出贡献的人物。他，便是诺贝尔奖的发起人和创立者——瑞典人阿尔弗雷德·诺贝尔。

  1833 年，诺贝尔出生于瑞典首都斯德哥尔摩的一个商人家庭。然而，在他出生后不久，他父亲因生意失败，不得不带上一家人远走异国他乡，来到了俄国圣彼得堡。在这个北国冰都里，诺贝尔的父亲通过发明制造地雷和蒸汽机，在俄国与欧陆各国的战争中大发了一番战争财。原本以为从此便能实现家道中兴的诺贝尔一家万万没想到，随着战争结束，武器订单随即急剧减少，一贫如洗的老诺贝尔带着家人又回到了瑞典。颠沛流离的童年生活，对小诺贝尔的身体造成了巨大的影响。从小便体弱多病的他不得不放弃与同龄人一起在学校学习的机会。尽管如此，年轻的诺贝尔在家发奋苦读、博览群书，不到 20 岁便能说一口流利的瑞典语、俄语、德语、英语和法语。34岁时，他因发明了对世界历史产生巨大影响的黄色炸药，而走上人生的巅峰。不幸的是，成年后的诺贝尔健康不佳、性格忧郁，是一个充满矛盾的人。他厌恶暴力与战争，却成了现代炸药之父；一生富有，却终日流浪街头，没有固定住所。

1896年，诺贝尔因脑溢血死于意大利古城圣雷莫，但他的精神却像一颗明亮的启明星，照亮着后来者的路。而受益于诺贝尔的后来者包括著名物理学家爱因斯坦、无线电的发明者马可尼、写下《丛林故事》的英国文学家吉卜林、创作了《尼尔斯骑鹅旅行记》的瑞典女作家拉格洛芙等。

O.K.

　　范布伦是荷兰人的后裔，美国第八任总统。他1782年出生于纽约州的金德胡克镇，他也因此被称为"老金德胡克（Old Kinderhook）"。范布伦是美国历史上第一位非英裔的民选总统。当他还是民主党总统候选人的时候，因反对政府介入国家经济事务而声名大噪。在1837年总统大选上，为了击败竞争对手，他的竞选团队为他设计了一条响亮易记的口号。考虑到范布伦对哺育了自己的故乡保有浓浓的乡情，团队提出要用Old Kinderhook两个单词的首字母，拼合成"O.K."一词，以示范布伦必胜的决心。

　　在意大利，有很多人认为"O.K."一词源自二战结束时驻意美军口中的"All right."，意为"一切顺利"。此外，世界各国人民对"O.K."一词的来源，皆有一番独特的解读：有人认为它来自一个印第安部落的乔克托语中的"okeh"，表示"没问题"；也有人推测它或源自普罗旺斯语[18]中的"oc"一词，代表"是"的意思。

而远在欧洲东部的俄国人认为"O.K."一词的源头应与敖德萨[19]码头工人下班时异口同声发出的"ochen korosho"（俄语中意为"非常好"）有关。与之有异曲同工之妙的，则是源自美国码头的故事：当时，有一位名叫欧蒂斯·肯达尔的人，在纽约码头上负责检验进进出出的货物。特别的是，每检查完一件货物，他便会要求一旁的工作人员为其贴上"O.K."的标签。

　　尽管"O.K."的来源说法多样，但是这或许更能从另一角度说明，为何这简简单单的两个字母自出现，便迅速在世界各地走红。

复活节

　　在现代基督教国家中，复活节是纪念耶稣复活的节日，同时更是一个阖家欢聚的日子。每年，在复活节来临之际，商店里摆放着孩子们最喜爱的各式巧克力蛋，蛋中还常常包着一个精美的令人惊喜的玩具，这足以令收到这份礼物的每一位孩子兴奋不已。

　　在古代欧洲，每年复活节人们常用画笔在煮熟的鸡蛋蛋壳上作画。基督教徒们认为鸡蛋具有重生和哀悼的意味。其实，复活节最早是庆祝冬去春来的节日，而用禽蛋庆祝冬去春来的历史古而有之。比如，曾在尼罗河畔叱咤一时的古埃及人在这天会互赠彩绘鸵鸟蛋，古日耳曼人则互送彩绘鹅蛋。此外，放眼世界七大洲，禽蛋常作为圣物出现在各类神话典籍中。如居住在夏威夷群岛上的土著人一直认为，地球便是一只名为塔玛格拉的大鸟所生下的蛋。

　　此外，俄国人会在复活节时，将染成红色的鸡蛋作为礼物送给身边的朋友们，并叮嘱他们在每年复活节的时候，一定要准备大量的红鸡蛋赠送给亲友。他们认为这一个个色彩鲜红的鸡蛋代表的是锁住魔鬼的链条中的一环，鸡蛋越少，魔鬼便越容易从中挣脱出来，而互赠的红鸡蛋越多则越能保佑人们来年免受魔鬼侵扰。

巴氏消毒法

　　路易斯·巴斯德出身于法国一个并不富裕的家庭，但他用功学习、奋发图强，年仅 26 岁便被法国斯特拉斯堡大学聘为生物学教师。经过多年的实验研究，巴斯德发现人类周围的世界遍布各种细菌，它们常常作为许多病原体的载体，侵入人类免疫系统，并导致人们患上各类疾病。不过可喜的是，根据巴斯德长年的观察，发现许多致人患病或导致牛奶变质的细菌，在一定温度下会死亡。1862 年，巴斯德发明了一种能杀死牛奶里的细菌，但又不影响牛奶口感的消毒方法。这种利用较低的温度杀死病菌，同时又能保持物品中营养物质不变的消毒法，被后人称为"巴斯德消毒法"（简称"巴氏消毒法"）。受益于巴斯德的发现，人们终于开始认识到无菌手术的重要性。除了巴氏消毒法，巴斯德还因发明了狂犬病疫苗，而被后人视作"狂犬病疫苗之父"。在他去世后不久，世界多国共同出资，以他的名义建立了闻名遐迩的"巴斯德研究所"，以感谢他在微生物领域做出的贡献。

青霉素

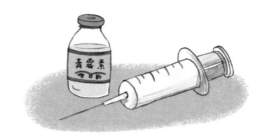

　　为了更好地应对细菌性感染对人类的困扰，巴斯德之后的科学家们绞尽脑汁，在实验室里昼夜不分地做着各种实验。1928年9月的一天，正在用心研究如何对付葡萄球菌的英国微生物学家弗莱明，无意中发现实验室中的一只培养皿里竟长出了一团青绿色的"霉"。通过显微镜观察，他发现在霉斑附近出现了能杀死葡萄球菌的青绿色霉菌。这种霉菌的形状像非常小的小毛刷。在拉丁语中，"毛刷"表达为"penicilli"，为此人们便将这种青绿色的霉菌称为"青霉素"（penicillina）。弗莱明想起早年间老人们常说发霉的面包可以治疗伤口，而远在美洲的印第安部落里也流行用腐烂发霉的树叶治疗伤口的说法。一年之后，弗莱明将这一重要的研究成果公诸于众，然而当时并未获得医学界的积极回应，而许多伤病员依旧接二连三地因为"不明原因"的感染，命丧病房。直到二战爆发，这种培养自野生薄荷叶的青绿色霉菌才开始得到部分战地医生的重视，并逐渐成为外科手术中不可或缺的一个重要工具。

愚 人 节

　　每年的 4 月 1 日是西方传统的愚人节，在有的地方也被人戏称为"四月之鱼"。这一天，法国的小孩子们会在伙伴背上偷偷贴上一条纸做的鱼来捉弄对方，而那个被贴了纸鱼的倒霉蛋，看着大家都在取笑自己，还蒙在鼓里呢。那么，在历史上愚人节中的"愚"和它的同音字"鱼"，到底有何关联呢？

　　原来在 14 世纪的时候，教皇本笃十二世有一次途经意大利的一个小镇阿奎莱亚，在当晚的宴会上教皇差点因鱼刺卡住喉咙而窒息，多亏主教贝塔兰多出手相救。为了感谢贝塔兰多的救命之恩，教皇特下旨"恩准"当地人在 4 月 1 日这天，可以不必只吃鱼肉[20]。这一传统流传至今。如果阿奎莱亚人选择在 4 月 1 日这一天，请人吃一顿丰盛的全鱼宴，那就等于是愚弄对方了。

　　随着愚人节流行于欧洲并传播至世

界各地，人们的庆祝方式也变得五花八门，从骗人到德国去寻找"没有水的冰"、去法国找"香肠酵母"和"不咸的盐"、去葡萄牙找"拽动风波的线"，甚至去比利时和安道尔找"鸡蛋剃刀"和"能剪头发的石头"，各种手段层出不穷。后来，许多报纸电视等媒体也加入到这场全民狂欢的节日中，如伦敦的《夜晚之星邮报》曾刊文邀请读者们参加一场别出心裁的蠢驴展览会，当读者们兴致勃勃地来到现场时，才发现自己就是那头蠢驴。而巴黎的一则电视新闻甚至宣称埃菲尔铁塔移动了50米，吸引了大批好奇人士纷纷前往观看。此外，一份维也纳报纸曾在这天刊登美国潜艇将停泊在多瑙河的假新闻，甚至引来一群当地重要的外交官前往码头迎候。可惜的是，这艘他们望眼欲穿的"美国潜艇"，大概永远都不会出现在这个码头上。

"牛仔先锋"的故事

　　所谓"先锋",是指那些走在部队最前面,用大斧子或爆破手段为后续人员披荆斩棘的先头部队。在现代西方语境中,"先锋"一词则更多被人们与早期美国西进运动中的牛仔们联系起来。这些 18 世纪乘船来到美洲的早期欧洲人,最早落脚在美洲东部。随着欧洲东来的移民数量越来越多,为了追求财富和更美好的生活,他们中的许多人毅然组队,向那广袤的西部进发。就这样,一批又一批的西行牛仔成群结队,坐在牛仔布覆盖下的马车上。这些牛仔布是他们从远渡重洋的欧洲帆船上裁剪下来的,在他们历尽艰辛的西进冒险中,一直为他们遮风挡雨。当时,牛仔们的马车里装满了各种建筑材料、应急药物、武器和几件定期更换的衣物鞋袜。有的人为了一解思乡之苦,还会随身带上一把"祖传"的银质咖啡壶和一只怀表,但在人生地不熟的北美西部,为了保命,他们常常也只能舍弃这些累赘的家伙什儿。

　　19 世纪末,当地土著印第安人意识到自己的土地正被这些西进的牛仔步步侵蚀，他们开始向这些西进车队发起各类侵扰，而形单影只的牛仔更是印第安人最好的攻击目标。出于安全考虑，牛仔们通常结帮出行。西行途中，他们常常被迫在深夜里风餐露宿，将马车围成一圈，形成一个简陋的"堡垒"，以防印第安人的袭击。

　　他们在春天从东部出发，向西穿越洛基山脉，在拉勒米堡稍作停留休整后，当年冬天雪季来临前便可抵达位于太平洋沿岸的目的地。在这一路布满荆棘的旅途中，他们要克服河水涨潮、沼泽拦路、野牛攻击等困难。然而，当他们一行最终来到位于今美国俄勒冈州的目的地时，望着眼前的大片肥沃土地，脸上的疲惫与心中的忐忑想必早已被一扫而空了。

小马快递

19 世纪中叶以前，连接美国东西两岸的邮政运输主要靠驿车（古代供驿站用的车辆），全程耗时约 25 天。为了更好满足大批美国民众"西进淘金热"的需求、缩短货物的运输时间，三位机智果敢的小伙子于 1860 年创办了"小马快递"公司。"小马快递"公司统一采用约 500 匹轻量级的长途马，配合中间设立的约 160 个驿站来置换马匹，将快递邮件发至 2000 千米外的西岸。

为了招揽更多青年加入这一快递大军，"小马快递"公司在多家报纸和媒体上发布大量招聘广告，他们宣称不论学历，凡成功获聘者，将得到每周 25 美金的高昂报酬。最终，公司成功招聘了 60 名年富力强的骑手，并为他们每人配发一副轻盈的马鞍，马鞍两边还特意缝制了 4 个带锁的大口袋，专门用于放置各类货物和信件。此外，一本圣经、一个水壶、一支号角和手枪也是他们身上的必备之物。在为公司工作的一年半时间里，这 60 名身强力壮的小伙子，总共送达了 3 万多件货物和信件。

为了将手中的物品早日送到客户手上，更为了躲避印第安骑兵的袭扰，他们只能日夜不停地策马驰骋，中途停留驿站的时间每次仅为 2 分钟，而且这期间不能喝酒。对于他们来说，停留驿站的目的只有一个——换一匹马继续向西奔去。可惜的是，经营了短短一年半的时间，随着覆盖全美电报电缆铺设工作的顺利完成，1861 年 10 月 26 日"小马快递"便正式停办了。

今日，为了纪念这个很有历史意义的"小马快递"业务，美国邮政局还专门发行了"小马快递"的邮票。

紫 红 色

　　3000多年前，在推罗市（在今黎巴嫩境内）的一片沙滩上，一条饥肠辘辘的野狗正吃着刚寻获的食物。这时，两个牧羊人也来到了海滩上，他们惊恐地发现这条野狗竟然长着满口鲜红的獠牙。仔细观察了许久，两个牧羊人才发现原来野狗正在咀嚼的是一种叫骨螺的软体动物，这种螺的鳃下腺含有一种染色剂，正是这种染色剂将野狗的牙齿染红了。

　　受此启发，两个牧羊人试着用这种染色剂来染羊毛并取得了成功。在这之前，人们的衣物只有灰色、绿色和棕色，因为一条进食中的狗，一抹充满春意、生机勃勃的紫红色从此走进了人们的生活。但这种染料非常珍贵，不能批量生产，因为仅提取1克染料就需要耗费2000只骨螺，而且工序繁杂：首先要将螺肉取出，放至腐烂，然后置于盐水桶内浸泡，为了使颜色的亮度更高，需要往桶里加入少许尿液，这会使桶内变得奇臭。其次，在给布料染色时需要将布料放入已经变得奇臭无比的桶内浸泡，最后将布料展开在太阳下晒干，从而使颜色牢固。暴晒后布料会呈现出不同的颜色，但最终都会从红色变成紫色。

　　由于这种颜色的布料成本高昂，因此这种颜色很快成为王室和权贵专属的颜色，同时也是权力的象征。在古罗马，如果一个奴隶在额头系有这种颜色的布条，那么他将会受到惩罚；如果一个商人为了炫耀而用紫红色布料装饰房间，那么他的房子将会被没收。只有元老院里的权贵才能穿饰有紫红色边的长袍，而紫红色长袍则是勇猛善战、得胜归来的将军参加庆祝仪式的专属着装。

问答比赛

英文单词"quiz（问答比赛）"虽只有 4 个字母组成，但就是这么一个简单的单词，至今仍没有人知道它的确切来源。据后来词源学家的研究，人们推测"quiz"一词的源头最有可能是爱尔兰的都柏林。

传说在 19 世纪的都柏林，有一位剧场老板花重金聘请了一群身价不菲的演员，老板原盼着演出能座无虚席，却失望地发现一张票都卖不出去。这时候，老板身边的一个朋友提醒他，或许是这场演出的名字起得太没有吸引力了，建议老板用"quiz"这个词为演出命名。但这个词是什么意思，老板自己也不清楚。尽管如此，剧场老板还是决定再花一笔钱，雇佣一些年轻人，用鲜艳的颜色将"quiz"一词粉刷在都柏林各处的墙上。路过的市民见到围墙上显眼的"quiz"一词，与剧场老板一样，虽不解其意，却因此对这场演出产生了浓厚的兴趣。在演出前一天，这一巧妙的营销广告引来大量观众，演出门票很快就卖完了。剧场老板在赚得盆满钵满的同时，"quiz"一词也广为人知。当然，门票售罄与该词被收入词典没有直接联系。

进入 20 世纪 50 年代，随着意大利著名主持人迈克·邦乔诺所主持的电视问答节目获得巨大成功，特别是在各种考试和比赛中，"quiz"常被用作考查人们知识和技能水平的一个重要手段，于是，"quiz"一词也从欧洲走向了全球。

雷　　达

　　"雷达"是利用无线电波发现目标，并测定其空间位置的一整套系统，在当今世界已得到了广泛的应用。例如机场航站楼上安装的雷达设备可以实时监控飞机的起降情况，还能为空中飞行的航班保驾护航。此外，雷达还被大量应用于气象预报和天文学家对天体距离和位置的研究之中。

　　早在 1922 年，意大利科学家马可尼便首次提出利用无线电波（即雷达的雏形）防止海上船只碰撞的问题。然而不久后，三名美国科学家泰勒、杨和汉兰德便抢先一步，抢注了"雷达"这一利用无线电波进行远程探测的商标使用权。1940 年，美国海军首次将其大量应用于实战。然而，雷达这种利用无线电波进行远程侦察的电子系统对当时的许多普通人来说，还是一个难以企及的晦涩概念。这是因为在早期战争中，相比雷达，声呐是一种更为常见的侦察探测手段。第一次世界大战期间（1914—1918），声呐装置广泛应用于英国海军舰艇上。当时，这一探测手段对潜艇尤为重要，特别当其下潜至海底深处而无法使用潜望镜时，声呐便成为这一条条"海底孤狼"探测敌方舰艇的唯一有效手段。

　　"声呐"是利用声波在水中的传播和反射特性，通过电声转换和信息处理进行导航和测距的技术。其实在大自然中，许多动物天生就具备这种"装置"。比如常年居住在潮湿黑暗洞穴中的蝙蝠，自幼年开始，便可用"声呐"来"观测"身边的物体。蝙蝠在寻找食物的时候，会发出声音，当这些声音击中一个物体时会反弹回来。蝙蝠听到回声后，它便知道附近有一个物体。此外，海豚也具有这种"声呐装置"。在二战中，许多海豚无辜地卷入战争，它们被迫接受训练并为其所服务的国家牺牲。

鲁 滨 逊

　　亚历山大·塞尔扣克是一名苏格兰水手，他是英国作家笛福笔下《鲁滨逊漂流记》故事里的主人公原型。在这部小说中，鲁滨逊由于偏离航道，孤身一人漂流到一座无人荒岛上，并凭着自身坚忍的意志与不懈的努力，在荒岛上顽强地生存下来，28年后重返故乡（而塞尔扣克实际上只在岛上生活了5年）。根据书中记叙，鲁滨逊亲手建造了一艘独木舟，只可惜由于船身太重，根本无法适应远海航行。后来，岛上来了一群食人族，还带着一群俘虏。而鲁滨逊则机智地从这批即将被杀掉的俘虏中，救出了一个人。由于那一天是星期五，鲁滨逊便把被救的俘虏取名为"星期五"了。从此以后，鲁滨逊不再孤单，并将自己的所知所学一并传授给了这位名叫"星期五"的野人朋友。在笛福看来，鲁滨逊作为欧洲文明白人的代表，有勇有谋，体现了欧洲人的冒险和进取精神。但是，法国作家米歇尔·图尼埃则认为，鲁滨逊和"星期五"之所以得以克服重重险阻在荒岛上生存下来、并最终成功逃离荒岛，一切都要归功于熟悉当地环境和风俗的"星期五"。在图尼埃看来，鲁滨逊所代表的处处好为人师的西方文明，有的时候必须学会向别的国家或文明学习，才是其发展的正确之道。

这部根据真实事件改编而成的《鲁滨逊漂流记》，发生在一座位于智利海域名为胡安·费南德斯的岛礁群上。岛上至今矗立着一方纪念碑，而"鲁滨逊"居住过的洞穴更成为许多《鲁滨逊漂流记》忠实粉丝心中的圣地。

国际象棋

　　这是一种对思维能力要求很高的"战略模拟游戏"。在这个游戏里，对垒的双方各拥有 1 位国王、1 位王后、2 位主教、2 位骑士、2 辆战车和 8 个士兵。这 28 个人与 4 辆战车在黑白相间的疆场上纵横征战，最先将对方的国王逼入绝境的便能赢得游戏。孩子们，你们能猜到这个如此刺激惊险的游戏是什么吗？

　　没错，这就是起源于亚洲，后经阿拉伯人传入欧洲，并成为国际通行棋种的"国际象棋"，后来还作为智力竞技运动，成为奥林匹克运动会中的一项正式比赛。据说，国际象棋起源于 6 世纪时的天竺（即现印度等地）。当时有一位印度国王，他的儿子刚刚在一场战争中牺牲了。国王很伤心，茶饭不思。有一天，一位大祭司通过一种游戏向国王解释说，作为天道轮回的一环，王子并不是白白牺牲的，并将这名为"王棋"的游戏留给了国王。随着东西方交流日益频繁，"王棋"漂洋过海，从亚洲传到了欧洲。如今，我们可以从当时的一些文学作品中看到它的"身影"。如大名鼎鼎的意大利文学之父但丁，便在他的代表作《神曲》中提到了这种被后人称为"象棋"的游戏；而刘易斯·卡罗尔也曾在《爱丽丝梦游仙境》中描写了小爱丽丝与化身为人的各个棋子之间有趣的故事。

　　在电影《美梦成真》中，父亲为了救治身患猩红热绝症的女儿，和女儿下了一整夜的象棋。当黎明来临之时，女儿竟奇迹般地痊愈了。而这一令人无比动容的父女挚情，连同象棋的"魔力"也随着这部好莱坞大片在世界各地的上映，深深地印入了观众的脑海之中。

强子对撞机

　　在瑞士日内瓦附近，有一段位于地下100米深处，长约27千米的特长环状隧道，被称为"日内瓦之环"。欧洲的物理学家们在隧道中安装了世界上最大的粒子加速器大型强子对撞机，让亚原子粒子（即比原子还小的粒子）加速到接近光速的水平，从而研究它们的运动轨迹和特性。研究者们希望通过以接近光速的速度发射绕隧道运动的质子，探索地球以及地球上的万物的本质与形成过程。此外，欧洲多国如法国、德国、西班牙、俄罗斯、意大利也设立了各种规模的强子对撞机实验室。终有一日，在这些能量巨大的强子对撞机的辅助下，来自世界各地的科学家们，一定能够向我们成功揭示地球母亲深埋亿年的奥秘。

平 流 层

　　1931 年，时年 47 岁的瑞士冒险家奥古斯特·皮卡德，搭乘自己制作的热气球，升至 15 千米的高空之中。一年后，他便再次驾驶热气球打破了自己的飞行记录，升至 16.5 千米，他成了首位到达平流层的人。平流层是指距地表约 10~55 千米处的大气层。层内温度通常随高度的增加而增加。底部温度随高度变化不大。然而，在第二次升空的时候，他差点丧命。因为当高度升至 15 千米时，热气球的缆绳缠在了一起，导致热气球中的加热装置无法被移出。奥古斯特和助手只能无助地在空中滞留。约 17 个小时后，随着燃料最终耗尽，他们才与压力舱一起，迫降在一个山区的冰川之上。幸好后来被搜救队找到，他们才安全地下了山。

出 租 车

　　19 世纪末，德国人创办了全世界第一家出租车公司，还成功研制了世界上第一辆专门用于出租的汽车。这种供人们临时租用的汽车，装备了用来计算车辆行驶里程及所需费用（tax）的计程设备。流行于多国语言中表示"出租车"的"taxi"一词，就这样出现了。为了让出租车在街道上更显眼，更好地招徕顾客，美国人开始用一种非常醒目的橘黄色油漆粉刷车身，这一用法延续至今。放眼全球，不同地区的出租车的颜色各有不同，比如英国伦敦的出租车是黑色的；在中国香港，人们还会根据运营区域的不同，将出租车分别刷成红色、绿色或蓝色，以示区分。

　　此外，出租车的召唤方式在世界各地也有所不同。比如在意大利，出租车一般在配有固定电话亭的专门停车场候客，或通过电话预约的方式，与乘客取得联系后再前往乘客所在地。而在美国，出租车则常常空载行驶在街上，乘客扬手即停。虽然世界各地的出租车从车型、车身颜色到召唤方式，都有着显著的差别，但跨越国界的共同点是手握方向盘的出租车驾驶员，对当地的街道和路况都了如指掌，而且他们热情好客，只要乘客愿意，他们总能谈天说地一番。在一些远离城市、交通不便的地区，有的人甚至选择搭乘出租车去离家不远的菜场里买菜，为的是在与出租车司机的胡吹海侃中，打发一下闲暇时光。在意大利历史名城罗马，出租车司机们总能将那名胜古迹向你娓娓道来。

网　球

14 世纪，在意大利名城佛罗伦萨举办的一场球类比赛中，一位法国球手为了提醒对方，便用法语向对方大喊："Tenez（接住）！"万万没想到，这一个看似简单的法语动词随着其变体 "tennis" 及其所代表的"网球运动"的流行，成为网球的代名词。

在 2000 多年前的欧洲，古罗马人、古希腊人和伦巴底人 [21] 便开始在球场上隔着一条缆绳用手掌或戴手套击打小球，这也可看作现代网球运动的雏形。后来，随着时代的发展，人们逐渐用网取代之前的缆绳。随后不久，球拍的诞生也解决了早前徒手击球的尴尬境况。然而网球运动的正规化，则直到 19 世纪末期，英国人首先提出相应的比赛规则（如 1883 年规定球网高度只有原来的一半）时才开始。从此网球这项运动便在欧美各国流行起来。

1896 年，第一届现代奥林匹克运动会在希腊举办，网球是这届奥运会八大比赛项目之一。之后网球运动得到了不断的发展，网球拍的拍弦由早年的动物肠变成了人工合成材料，再后来，笨重的木制球拍开始退出人们的视野。从 20 世纪 70 年代开始，越来越多的女性加入到网球运动之中。此外，值得一提的是，在民间有一种说法，打网球会造成双肩高度不同，所以不建议仍处发育期的孩子进行这项运动。对孩子们来说，能让体格得到均衡发展的排球和篮球运动或许更为适合。

还有一种运动被人们称为"桌上网球"，这就是乒乓球，在英语里被称为"table tennis"。由于冬天气候寒冷，许多网球爱好者无法在室外进行网球比赛，他们便想到在一张木制小桌子上模仿网球比赛的形式设计游戏，由此诞生了乒乓球这一全新的体育项目。1988 年，乒乓球成为奥运会的正式比赛项目。

晶 体 管

电脑在早期是一个由成千上万个齿轮、阀门和打孔卡片共同组成的庞然大物。而最早的电脑诞生于 1946 年的美国宾夕法尼亚州。当时，人们用 ENIAC 为这台电脑命名，ENIAC 意为"电子数字积分计算机"。这个庞然大物运行时耗电量巨大，相当于当时约 1000 台洗衣机同时启动时耗费的电量。尽管如此，ENIAC 的计算速度比当时已有的计算器快上千倍。它首次向媒体展出时，用了不到 1 秒便算出了 5000 与 97367 相乘的结果。

1948 年，在三位美国科学家的共同努力下，晶体管得以问世，ENIAC 体形庞大、不便携带的问题迎刃而解。1956 年，三人因在推动计算机工业发展中的突出贡献，获得当年世界物理学研究的最高荣誉——诺贝尔物理学奖。晶体管主要由大自然中大量存在的硅材料制成。这种小巧的、消耗功率低的电子器件问世后，很快便全面取代体积大、功率消耗大的电子管了。在无线电、电视、钟表、摄像器材、电脑，乃至人造卫星和航天器生产等领域得到了广泛的应用，在极大地减小了上述电子器材体积的同时，还显著地降低了其生产成本。历经 70 多年的发展，今天人们已经成功制造出直径仅为头发丝的万分之一大小的微型晶体管。

飓　风

飓风是风中的皇帝，玛雅人把飓风看作神灵"乌拉坎[22]"。他通常在夏天或者秋天怒气冲冲地出现。如今，美国国家飓风中心，正时刻监控着袭击墨西哥湾的大风暴。

1520 年，西班牙侵略者在中美洲地区停船登岸，他们大肆屠杀阿兹特克人（墨西哥地区的印第安人），并一步步摧毁了危地马拉地区的数个玛雅人部落。西班牙人发现当地的土著居民特别惧怕天上的大熊星座，他们为此还嘲笑这些土著人，但他们不知道的是，在当地人眼中这个星座就是一位神的化身。这位神只有一条腿，他脾气暴躁，想方设法要恢复自己因被人欺骗而失去的那条腿，而这位神灵就是风暴之神乌拉坎。（在当地语言中，"乌拉坎"的意思是"独腿"。）当西班牙殖民者意识到自己因为大肆屠杀抢掠，成为"乌拉坎"的复仇对象时已经一切都无法挽回了。西班牙殖民者不仅对当地环境和民族文化造成了巨大的伤害，也极大地阻碍了当地人文的自然发展。

现如今我们也会使用玛雅人流传下来一些词语，比如

"uragano（飓风）"，玛雅人使用这个词语就是为了纪念自己的风暴之神。在澳大利亚，人们把飓风叫作"willy-willy（畏来风）"，在亚洲一些国家叫作"tifone（台风）"，在菲律宾叫作"bugaio（热带性龙卷风）"。在希腊神话中，"tifone"这个词代表一个性情极为凶残的喷火巨人，常被西方人视作天地之间主管一切的神。

种　痘

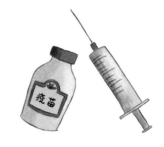

　　天花是一种可怕的疾病。人一旦染上就会全身长满脓包，病情严重者会因毒血症或大出血而死，即使幸存下来，脸上也常会布满坑坑洼洼的麻子和疤痕。

　　18世纪时，英国乡村医生爱德华·詹纳一直在苦苦寻找治疗天花的解药。1796年的一天，当47岁的爱德华与乡里一位奶牛场女工交谈时，得知后者有一次为奶牛挤奶时，因手上划了一道口子而感染上了牛痘。但幸运的是，发了几天烧后，这个名叫莎拉的挤奶女工竟奇迹般地痊愈了，只是手上留有一道浅疤。经过仔细观察和对比，爱德华发现在奶牛场工作的女工几乎不会得天花，他想：或许挤奶女工所染上的牛痘病毒，与她们不会轻易患天花有什么尚不为人知的关系？为了验证这一大胆的想法，爱德华找来了同乡一个农家孩子，他从莎拉的牛痘肿块中抽出一些液体，接种了到孩子身上。在注入牛痘后，孩子患病症状并不厉害，6周后便痊愈了。为了确定牛痘病毒和天花病毒之间的关系，爱德华又给孩子注入了天花病毒，果不出所料，注射过牛痘液的孩子没有得天花。爱德华的实验终于成功了！天花这头肆虐人类千年的洪水猛兽，终于被爱德华发明的"牛痘种痘术"制服了。

为了尽快挽救更多无辜的生命，爱德华于1798年在一本非正式出版的册子《天花疫苗因果之调查》中，公布了他的研究成果。爱德华发明的为人类接种牛痘预防天花的方法，便称作"种牛痘"。

今天，人类已成功研制出预防白喉症、破伤风、百日咳、脊髓灰质炎等疾病的有效疫苗。

互联网

　　"万维网"，在英语中全称为"World Wide Web"，常缩写为"www"，是网址域名的一部分。这个极大地影响了人类知识结构和沟通模式的"万维网"，绝非传统网络可比拟，其重要性甚至可与文字的出现和印刷术的发明并驾齐驱。

　　在20世纪80年代初，网络已经能将美国和欧洲的电脑连接到一起，最简单原始、能让参与者进行互动和交流的电子布告栏系统（BBS）也已诞生。但是，将海量信息做成一个个链接，让人在大量资源中流连忘返似乎仍属于遥远的未来。1989年圣诞节期间，英国计算机科学家蒂姆·伯纳斯·李完成了互联网发展史上里程碑式的发明——万维网，将遥远的未来变成了现实。从此，网络通过万维网的形式全面进入了普通人的生活。

　　蒂姆当时正负责维护欧洲核子研究组织[23]的互联网运行，他有感于当时各大研究机构之间尚无快捷高效的信息共享平台，无法做到科研成果准确高速地互通有无，便决定将工作目标瞄向建立一个全球范围的信息网，以彻底打破信息存取的壁垒。

有了多年研究的积累，拥有丰富计算机网络经验的蒂姆创意奔涌，一口气将我们现在上网需要的东西都发明了出来，包括网页、网站、服务器和具备编辑功能的网页浏览器等。

万维网的诞生给全球信息的交流和传播带来了革命性的变化，一举打开了人们获取信息的方便之门。1993 年 4 月，欧洲核子研究所宣布将万维网底层代码永久免费开放，只需简单的操作，人们就可以在万维网上浏览各式文本、超文本、声音、图像，甚至视频文件。据统计，时至 2019 年，全球互联网用户已经超过 40 亿。

齐柏林飞艇

　　齐柏林出生于 1838 年，他是德国的一位工程师和飞行员。在美国内战期间，他发现热气球被广泛用于观测和运输，于是决定设计制造一款具有相似功能的空中交通工具。

　　齐柏林制造的第一架硬式飞艇名为"LZ1"，其最大特点是，重量较轻，同时具有一个坚硬的骨架。艇体内配备 17 个气囊，总容积达到惊人的 12000 立方米，总浮力达 13 吨，比当时软式飞艇大五六倍。这艘飞艇在 1900 年 7 月 2 日完成试飞。之后经过一系列的改进，制造了"LZ3"号。"LZ3"号飞艇的性能得到大大的提高。1914 年第一次世界大战爆发，齐柏林飞艇被德国军方大量用于执行空袭任务，但在几次针对伦敦和巴黎的轰炸中，齐柏林飞艇暴露出容易被地面防空武器击落的缺点。

　　战后，齐柏林飞艇退下戎装，成为当时达官贵人们进行环球旅行的最佳选择之一。1924 年 10 月，第 126 艘齐柏林飞艇"LZ126"号载着 30 名旅客，仅仅用了不到 40 个小时，便完成了跨大西洋直航飞行。20 世纪 30 年代，配备了高档洗浴设备、面包烤炉、冰箱、大型舞厅，乃至一个私人小教堂的大型客运飞艇"兴登堡"号诞生了，至 1936 年底它已完成 10 次跨大西洋航行。然而，出乎所有人的意料，它于 1937 年 5 月 3 日从德国法兰克福起飞，3 天后到达位于美国新泽西州的莱克赫斯特海军基地，悲剧在"兴登堡"号抛下系泊绳准备降落时发生了，一个小火花点燃了这艘巨型飞艇，在不到一分钟的时间内，整艘飞艇便熊熊燃烧起来，无助地飘扬在半空中。这场事故导致 35 名旅客殒命空中，只有 65 人得以幸存。自此，人们对整个飞艇产业的安全性产生了强烈的质疑，不久后飞艇就被民航飞机取代了。

注释：

[1] 苏美尔人：生活在两河流域（今伊拉克境内）的早期居民。苏美尔人是两河流域文明的开创者。

[2] 引力波的探测极其困难，但脉冲星的发现和观测为引力波的存在提供了精确的间接证据。

[3] 巴贝奇（1792—1871 年）：英国发明家、计算机先驱。

[4] 伦巴第大区：今意大利最重要的大区，位于意大利半岛北部，与瑞士接壤。

[5] 鲁滨逊：笛福的小说《鲁滨逊漂流记》的主人公。

[6] 维京人：泛指生活于 800 年至 1066 年之间的斯堪的纳维亚人。他们从事广泛的海外贸易和殖民扩张，在当时基本上靠当海盗谋生。

[7] 新大陆：这个说法来自当时欧洲人的视角，具有历史局限性。

[8] 火星：在以意大利语为代表的西方主要语言中，"火星"一词得名于古希腊神话中的战神马尔斯，故两者同名。

[9] 红色星球：火星的表层土壤含有细粉状的铁氧化物颗粒，因而火星看起来是红色的。

[10] 但丁：意大利中世纪诗人、欧洲文艺复兴时代的开拓者，以《神曲》留名后世。

[11] 彼特拉克：被誉为"文艺复兴之父"，与但丁、薄伽丘齐名。

[12] 莱奥帕迪：意大利诗人、散文家、哲学家、语言学家。

[13] 佛兰德：是西欧的一个历史地名，泛指古代尼德兰南部地区，位于西欧低地西南部、北海沿岸。

[14] 嬉皮士：指西方国家 20 世纪六七十年代反抗习俗和当时政治的年轻人。

[15] 拜占庭：395—1453 年建立的拜占庭帝国，即东罗马帝国。

[16] 阿拉贡：指 1035—1707 年时伊比利半岛东北部阿拉贡地区的封建王国阿拉贡王国。因阿拉贡河而得名。

[17] 在意大利语中，"热气球"被称作"mongolfiera"，即取自"孟格

菲"一姓。

[18] 普罗旺斯语：亦称奥克语，是印欧语系罗曼语族的一种语言，主要通行于法国南部（特别是普罗旺斯及卢瓦尔河以南），意大利的阿尔卑斯山山谷，以及西班牙的加泰罗尼亚。

[19] 敖德萨：在乌克兰南部位于德涅斯特河流入黑海的海口东北 30 千米处，是乌克兰共和国第二大城市，敖德萨州首府。为黑海沿岸最大的港口城市和重要工业、科学、交通、文化教育及旅游中心。

[20] 在天主教国家中，每年的 4 月 1 日（特别当这一天为周五时），人们出于宗教原因，不能吃除鱼肉以外的任何肉类。

[21] 伦巴底人：日耳曼人的一支，起源于斯堪的纳维亚，当代瑞典南部。

[22] 乌拉坎：玛雅文明中掌管风、风暴、火的创造神。

[23] 欧洲核子研究组织：通常被简称为 CERN。位于瑞士日内瓦，是世界上最大型的粒子物理学实验室，同时也是万维网的发源地。

看动画，学知识
一起探索奇妙世界

扫描本书二维码，获取正版资源

智能阅读向导为您严选以下免费或付费增值服务

- **免费广播剧** 好故事随身听，带你在知识的海洋里遨游
- **自然大百科** 趣味科普动画，为你打开探索世界的大门
- **成语故事集** 趣味解说成语，帮你积累丰富语文词汇量
- **德育动画片** 历史人物故事，跟着古人学习处世的哲学

☆ 闯关小测试：检验你对知识的掌握情况

☆ 读书记录册：养成阅读记录的良好习惯

☆ 趣味冷知识：带你认识世界的奇妙多彩

扫码添加智能阅读向导

操作步骤指南

① 微信扫描下方二维码，选取所需资源。

② 如需重复使用，可再次扫码或将其添加到微信"📦收藏"。